BEI GRIN MACHT SICH IHR
WISSEN BEZAHLT

- Wir veröffentlichen Ihre Hausarbeit,
  Bachelor- und Masterarbeit

- Ihr eigenes eBook und Buch -
  weltweit in allen wichtigen Shops

- Verdienen Sie an jedem Verkauf

Jetzt bei www.GRIN.com hochladen
und kostenlos publizieren

Bibliografische Information der Deutschen Nationalbibliothek:

Die Deutsche Bibliothek verzeichnet diese Publikation in der Deutschen National-
bibliografie; detaillierte bibliografische Daten sind im Internet über http://dnb.d-
nb.de/ abrufbar.

Impressum:

Copyright © 2015 GRIN Verlag, Open Publishing GmbH
Druck und Bindung: Books on Demand GmbH, Norderstedt Germany
ISBN: 978-3-668-23791-9

Dieses Buch bei GRIN:

http://www.grin.com/de/e-book/324095/schulorientiertes-experimentieren-im-
chemieunterricht-mit-alkali-und-erdalkalimetallen

Christoph Höveler

Schulorientiertes Experimentieren im Chemieunterricht mit Alkali- und Erdalkalimetallen

Durchführung, fachliche und didaktische Auswertung

GRIN Verlag

GRIN - Your knowledge has value

Der GRIN Verlag publiziert seit 1998 wissenschaftliche Arbeiten von Studenten, Hochschullehrern und anderen Akademikern als eBook und gedrucktes Buch. Die Verlagswebsite www.grin.com ist die ideale Plattform zur Veröffentlichung von Hausarbeiten, Abschlussarbeiten, wissenschaftlichen Aufsätzen, Dissertationen und Fachbüchern.

Besuchen Sie uns im Internet:

http://www.grin.com/

http://www.facebook.com/grincom

http://www.twitter.com/grin_com

Block 3: Alkali-/Erdalkalimetalle, 30.10.14

Inhalt

Versuche mit Natrium

Quelle:

Tausch, von Wachtendonk; Chemie 2000+, Sek. 1 Gesamtband (Sek. 1), S. 104 LV5, S. 106 LV1

Ergänzende Versuchsvorschriften SOE 1, HRGe WS 2014/15

Durchführung:

S.104, LV5:

Ein erbsengroßes Stück Natrium wird entrindet und auf einer Magnesiarinne verbrannt. Der Schmelz- und Entzündungsvorgang sowie die Farbe der Flamme wird beobachtet.

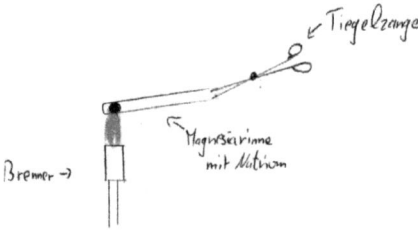

Ergänzende Vorschriften zu LV5:

Das Verbrennungsprodukt aus LV5 wird in ein Becherglas mit Wasser gegeben. Die Lösung wird mit Phenolphthalein-Lösung versetzt.

S.106, LV1:

Ein vollständig entrindetes erbsengroßes Stück Natrium wird mit der Pinzette in eine Glaswanne gegeben, in der sich Wasser, etwas Spülmittel und einige Tropfen Phenolphthalein-Lösung befinden.

Beobachtung:

S.104, LV5:

Das entrindete, nun silbrig glänzende, Stückchen Natrium wird schmilzt beim Erhitzen, und bildet eine fast weiße Kugel, welche im weiteren Verlauf in eine gelbliche Flüssigkeit zerfließt und letztendlich anfängt unter Rauchentwicklung, gelblich zu brennen. Der Rückstand auf der Magnesiarinne ist grau/schwarz.

Ergänzende Vorschriften zu LV5:

Bei Kontakt des Rückstands mit dem Wasser im Becherglas beginnt es sofort zu zischen. Es bilden sich schaumähnliche Blasen am Metall, eine starke Gasbildung ist so zu beobachten. Dies erfolgt solange, bis der Rückstand vollständig gelöst ist, und eine klare Lösung, mit ganz leichten Schlieren durchzogen, zurückbleibt.

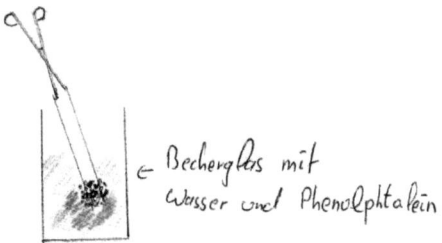

← Becherglas mit
Wasser und Phenolphtalein

Mit der Zugabe von Phenolphthalein verfärbt sich die Lösung pink.

S.106, LV1:

Nachdem das silbrig glänzende Stückchen Natrium mit einer Pinzette vorsichtig in das Wasserbecken gegeben wurde, beginnt es sofort an zu reagieren. Es bildet eine weißliche Kugel, die zischent über die Wasseroberfläche sich bewegt. Hierbei ist eine Gasentwicklung zu beobachten. Das Wasser in der näheren Umgebung der Natriumkugel verfärbt sich pink. Gegen Ende der Reaktion fängt die Kugel Feuer und löst sich mit einem kleinen Knall auf.

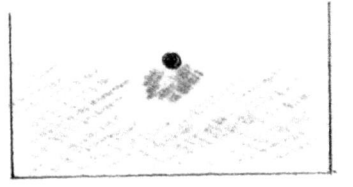

Glaswanne mit einem
Stück Natrium in Wasser,
mit Phenolphtalein und
Spülmittel

Fachliche Auswertung:

Natrium, als das zweite Alkalimetall im Periodensystem, ist bei Zimmertemperatur schnittfest. An einer frischen Schnittkante lässt sich seine charakteristische metallische Farbe erkennen, die bei Kontakt mit dem Luftsauerstoff, beziehungsweise auch mit der Luftfeuchtigkeit, schnell zu einer mattgrauen Kruste verkommt. Dies geschieht aufgrund der großen Reaktionsfreude des Natriums, welches unter anderem ein Kennzeichen der gesamten Elementfamilie ist. Um diese unerwünschte Reaktion beim Lager zu verhindern, wahrt man es in sauerstofffreier Flüssigkeit auf, meist wird hierzu Paraffinöl verwendet.

Im Vergleich zu anderen Metallen fällt auf, das die Dichte von Natrium nur $\rho = 0{,}97 \frac{g}{cm3}$ beträgt[1], und somit geringer ist als die von Wasser ($\rho = 0{,}998 \frac{g}{cm3}$)[2]. Natrium kommt in zahlreichen Verbindungen oft in Gegenständen des Alltags vor. Doch obwohl wir zum Beispiel den Hinweis lesen „natriumarmes Wasser" handelt es sich niemals um elementares Natrium. Es liegt entweder als Verbindung oder Ion vor.

In den vollzogenen Versuchen wird hauptsachlich das Reaktionsverhalten von Natrium demonstriert. In LV5 wird dieses erst entrindet und anschließend verbrannt. Der Vorgang des Entrindens zeigt deutlich, wie Natrium bereits mit der Luftfeuchtigkeit zu Natriumhydroxid reagiert.

$$2\ Na\ (s) + 2\ H_2O\ (g) \longrightarrow 2\ NaOH\ (s) + H_2\ (g)$$

Diese Reaktion ließ sich beobachten, als die weißlich glänzende Schnittfläche wieder matt grau wurde. Beim anschließenden Erhitzen erreichen wir schnell den Schmelzpunkt von Natrium von 97 °C.[3] Kurz darauf erreichen wir mithilfe des Bunsenbrenners die Flammtemperatur. Nun Reagiert das flüssige Natrium mit dem Luftsauerstoff zunächst zu Natriumperoxid,

$$2\ Na\ (l) + O_2\ (g) \longrightarrow Na_2O_2\ (s)$$

welches aber zu weißem Natriumoxid zerfällt,

$$2\ Na_2O_2\ (s) \longrightarrow 2\ Na_2O\ (s) + O_2\ (g)$$

da es an der Luft instabil ist. Unser hergestelltes Natriumoxid wird im Anschluss zu LV5 in Wasser gelöst, wodurch Natriumhydroxid entsteht.

$$Na_2O\ (s) + H_2O\ (l) \longrightarrow 2\ NaOH\ (aq)$$

Diese Reaktion ist ein exothermer Vorgang, wodurch das starke verdampfen des Wassers beim Eintauchen erklärt ist. Dass wir es nun mit einer basischen Lösung zu tun haben, zeigt uns unser Indikator, durch eine Violett Färbung an.

---

[1] Aus „umwelt: chemie Gesamtband", 2. Auflage des Klett-Verlags, vgl. S.184
[2] http://de.wikipedia.org/wiki/Eigenschaften_des_Wassers, Zugriff am 01.11.2014
[3] http://de.wikipedia.org/wiki/Natrium Zugriff am 01.11.2014

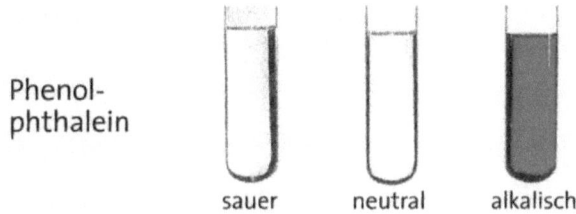

Phenol-
phthalein

sauer   neutral   alkalisch

B3 *Farben von Indikatoren in saurer, neu-
traler und alkalischer Lösung* [4]

Das Natriumhydroxid dissoziiert im Wasser zu Natriumkationen und Hydroxidionen.

$$NaOH\,(aq) \longrightarrow Na^+\,(aq) + OH^-\,(aq)$$

Phenolphthalein zählt zu den Triphenylmethanfarbstoffen. Diese zeichnen sich durch ihre hohe
Lichtintensität und Brillanz aus.[5]

Phthalsäureanhydrid

$-H_2O$

Phenolphthalein-Lactonform
farblos pH < 8,5

$+2OH^-$

$+2H_2O$

Phenolphthalein-Dianion
rot-violett pH > 9

B1 *Synthese von Phenolphthalein. Als Lactone
bezeichnet man cyclische Ester.* [6]

[4] Tausch, Chemie 2000+, Sek.1 Gesamtband, S. 70
[5] Vgl. Tausch, Chemie 2000+, Sek.2 Gesamtband, S. 305

„Bei einem pH-Wert von 0 bis etwa 8,2 ist gelöstes Phenolphthalein farblos, bei höherem pH-Wert färbt die Lösung sich rötlich-lila, im stark alkalischen Bereich, bei einem pH-Wert nahe 14, wird sie wieder farblos"[7]

Versuch mit Lithium

Quelle:

Tausch, von Wachtendonk; Chemie 2000+, Sek. 1 Gesamtband (Sek. 1), S. 106, LV4

Durchführung:

Ein Stückchen Lithium wird entrindet und mit der Pinzette in eine Glaswanne gegeben, in der sich Wasser und einige Tropfen Phenolphthalein-Lösung befinden. Um das entweichende Gas aufzufangen, wird das Lithium mit der Pinzette unter Wasser festgehalten. Nun fängt man das Gas mit einem, mit wassergefüllten, auf dem Kopf stehenden Reagenzglas auf. Mit dem Gas wird die Knallgasprobe durchgeführt.

Beobachtung:

Das Lithium fing bei Kontakt mit Wasser sofort an zu sprudeln. Das im Reagenzglas aufgefangene Gas verdrängte aus diesem das Wasser komplett. Die anschließend durchgeführte Knallgasprobe entstand ein leises „Plopp".

Fachliche Auswertung:

Ebenso wie Natrium, ist auch Lithium ein silbrig glänzendes Metall mit guten elektrischen, sowie Wärme-Leitfähigkeiten. Es hat eine noch geringere Dichte, sie beträgt $\rho = 0{,}53 \frac{g}{cm3}$, und es wird aufgrund seiner großen Reaktivität in Paraffinöl gelagert. Bei Kontakt mit der Luft reagiert es zu Lithiumoxid,

$$4\, Li\, (s) + O_2\, (g) \rightarrow 2\, Li_2O\, (s)$$

welches wiederum mit Kohlenstoffdioxid zu Lithiumcarbonat reagiert.

$$Li_2O\, (s) + CO_2\, (g) \rightarrow Li_2CO_3\, (s)$$

---

[6] Tausch, Chemie 2000+, Sek.2 Gesamtband, S. 304
[7] http://www.chemie.de/lexikon/Phenolphthalein.html Zugriff am 01.11.2014

In Wasser reagiert es, wie alle Alkalimetalle unter Bildung von Hydroxiden, was eine Verfärbung des eingesetzten Indikators nach sich zieht, gleichzeitig entsteht Wasserstoffgas.[8]

$$2\,Li\,(s) + 2\,H_2O\,(l) \rightarrow 2\,LiOH\,(aq) + H_2\,(g)$$

$$LiOH\,(aq) \rightarrow Li^+\,(aq) + OH^-\,(aq)$$

Um das entstandene, farbloses Gas zu testen, wurde eine Knallgasprobe durchgeführt. Da ein Gemisch aus Sauerstoffgas und Wasserstoffgas sich explosionsartig entzündet, prüft man mit der sogenannten „Knallgasprobe" ob eben ein solch gefährliches Gemisch vorliegt. Die Reaktion ist deshalb so heftig, weil diese im Gemisch an allen Stellen gleichzeitig abläuft. Durch die hierbei frei werdende Wärme dehnt sich das Gas schlagartig aus.

Reiner Wasserstoff reagiert nicht so intensiv. Es entsteht beim Entzünden ein leises „Plopp". Man bezeichnet dieses Verhalten als negative Knallgasprobe, eben weil kein gefährliches Knallgas-Gemisch vorliegt.[9]

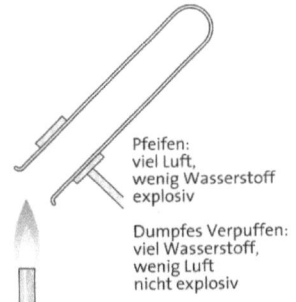

Pfeifen:
viel Luft,
wenig Wasserstoff
explosiv

Dumpfes Verpuffen:
viel Wasserstoff,
wenig Luft
nicht explosiv

B3 *Knallgasprobe (V2). A: Schreibe eine Anleitung zur korrekten Durchführung der Knallgasprobe.*

10

Somit haben wir das bei der Reaktion von Lithium und Wasser entstandene Gas als reinen Wasserstoff identifiziert.

---

[8] Binnewies, Allgemeine und anorganische Chemie, 2. Auflage, vgl. S.344/345
[9] Vgl. Tausch, Chemie 2000+, Sek.1 Gesamtband, S. 79
[10] Tausch, Chemie 2000+, Sek.1 Gesamtband, S. 78

Versuche mit Calcium und Magnesium

Quelle:

Tausch, von Wachtendonk; Chemie 2000+, Sek. 1 Gesamtband (Sek. 1), S. 108, V1, LV5, V6

Durchführung:

V1:

Gib mit der Pinzette ein halb mit Wasser gefülltes Becherglas zwei Calciumkörner. Stülpe ein wassergefülltes Reagenzglas über die Calciumkörner und fange das entweichende Gas auf. Führe damit die Knallgasprobe durch. Filtriere die erhaltene Lösung und prüfe das Filtrat mit Phenolphthalein-Lösung.

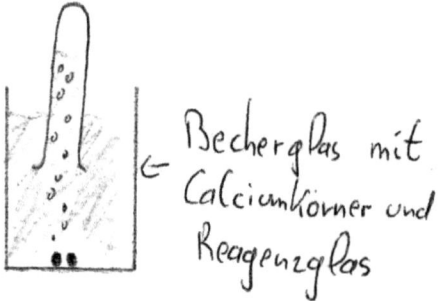

LV5:

Auf einer Magnesiarinne werden einige Calciumkörner in der Brennerflamme entzündet. Das erkaltete Oxid wird vorsichtig in Wasser aufgenommen. Die Suspension wird filtriert und das Filtrat mit Phenolphthalein-Lösung versetzt.

V6:

Bringe ein 4cm langes angeschliffenes Magnesiumband in ein Reagenzglas mit Wasser. Beobachte ca. 2 Minuten lang die Magnesiumoberfläche und gib dann Phenolphthalein-Lösung in das Reagenzglas.

Beobachtung:

V1:

Die Calciumkörner reagieren unter Entwicklung eines farblosen Gases mit dem Wasser. In der Lösung sind kleine weiße Flocken zu erkennen, welche beim anschließenden filtrieren das eingesetzte Filterpapier schnell verstopfen. Das Filtrat verfärbte das Phenolphthalein pink. Die Knallgasprobe des entstandenen Gases verlief negativ.

LV5:

Während des brennen der Calciumkörner fand kaum eine sichtbare Veränderung statt, außer dass sie etwas heller wurden. Ins Wasser lösten sie sich rasch auf. Die entstandene Lösung färbte Phenolphthalein pink.

V6:

Das durchs anschleifen glänzende Magnesiumband reagiert mit dem Wasser sehr zurückhaltend. Am Metall sind ganz kleine, farblose, Gasbläschen erkennbar. Bei Zugabe von Phenolphthalein nach 2 Minuten verfärbt sich die Lösung pink.

Fachliche Auswertung:

Calcium, Magnesium und Barium gehören ebenso wie Beryllium, Radium und Strontium zu der Elementfamilie der Erdalkalimetalle. Sie glänzen silbrig und besitzen relativ geringe Dichten, diese nehmen mit steigender Ordnungszahl, ebenso wie bei den Alkalimetallen, zu. Die metallische Bindung der Erdalkalimetalle ist hingegen stärker, was sich in höheren Schmelz- und Siedetemperaturen widerspiegelt. Ihre Reaktivität ist im Vergleich zu anderen metallischen Elementen sehr hoch, und nimmt von oben nach unten im Periodensystem zu. In allen Verbindungen liegen diese Metalle in der Oxidationsstufe +II vor.[11]

Calcium reagierte heftig mit Wasser, unter Bildung vom Hydroxid und Wasserstoffgas.

$$Ca\,(s) + 2\,H_2O\,(l) \rightarrow Ca(OH)_2\,(aq) + H_2\,(g)$$

Durch das Calciumhydroxid haben wir nun eine basische Lösung, was uns durch die Zugabe von Phenolphthalein bestätigt wird. Es verfärbt sich violett.

$$Ca(OH)_2\,(aq) \rightarrow Ca^{2+}\,(aq) + 2\,OH^-\,(aq)$$

Die negative Knallgasprobe beweist, dass reines Wasserstoffgas entstand.

Beim Erhitzen von den grauen Calciumkörnern mit dem Brenner reagiert dieses mit dem Luftsauerstoff zu weißem Calciumoxid.

$$2\,Ca\,(s) + O_2\,(g) \rightarrow 2\,CaO\,(s)$$

Dieser sogenannte Branntkalk setzt sich in Wasser, unter Wärmeentwicklung, zu Calciumhydroxid um.

---

[11] Binnewies, Allgemeine und anorganische Chemie, 2. Auflage, vgl. S.370/371

$$CaO\ (s)\ +\ H_2O\ (\ell)\ \rightarrow\ Ca(OH)_2\ (aq)$$

Daher ist Calciumoxid keine Base, sondern nur ein "Basenbildner".[12]

Das Magnesiumband wird vor dem Versuch erst einmal angeschliffen. Dies dient dem Entfernen der Oberflächenpassivierung, welche entsteht, wenn Magnesium in den Kontakt mit dem Luftsauerstoff kommt.

$$2\ Mg\ (s)\ +\ O_2\ (g)\ \rightarrow\ 2\ MgO\ (s)$$

Würden wir diese Schicht nicht entfernen, würde es gar nicht mit dem Wasser reagieren.

Dennoch reagiert Magnesium nur sehr langsam mit Wasser. Es entsteht, wie bei allen Reaktionen von Erdalkalimetallen mit Wasser, das entsprechende Hydroxid und Wasserstoffgas.

$$Mg\ (s)\ +\ 2\ H_2O\ (\ell)\ \rightarrow\ Mg^{2+}\ (aq)\ +\ 2\ OH^-\ (aq)\ +\ H_2\ (g)$$

Didaktische Auswertung:

Die oben aufgeführten Experimente passen thematisch zwischen und in zwei Inhaltsfelder. Zum einen in das Inhaltsfeld 4: Metalle und Metallgewinnung, als auch ins Inhaltsfeld 5: Elemente und ihre Ordnung.

Im ersten Fall können die Basiskonzepte der chemischen Reaktionen wie die Oxidation und Reduktion angesprochen werden, inklusive der Kombination, den Redoxreaktionen. Bei den Versuchen mit Natrium erfahren die Lernenden selbst, dass bei einer Reaktion auch Wärme ein wichtiger Faktor ist. Auf dieser selbstgemachten Erkenntnis lässt sich das Basiskonzept der Energie aufbauen, hier zu nennen die Energiebilanz, endotherme und exotherme Reaktionen.

Die Schülerinnen und Schüler erleben, wie man mit Alkalimetallen und Erdalkalimetallen umzugehen hat, sowohl was deren Lagerung als auch was den sicheren Umgang mit diesen Reaktiven Metallen anbelangt. Ebenso sind diese vom Aufbau simplen Experimente hervorragend dazu geeignet, um ein korrektes Protokollieren zu trainieren, sodass eine nachträgliche Reproduktion der Ergebnisse in Zukunft ermöglicht wird.

Nicht weniger geeignet sind die oben aufgeführten Experimente geeignet, um einen effektvollen Einstieg in das Inhaltsfeld Elemente und ihre Ordnung zu ermöglichen. Als Schwerpunkt in dieser Einheit sind die Elementfamilien, der genaue Aufbau des Periodensystems, und der Atombau zu nennen, wobei letzterer für jetzt zu weit geht.
Durch ein beobachtbares ähnliches Verhalten von Natrium und Lithium, sowie Calcium und Magnesium in den Experimenten haben die SuS selbst die Möglichkeit, auf eine Gruppen, beziehungsweise Familienähnlichkeit aufmerksam zu werden. Weitere Beispiele dieser

---

[12] http://www.seilnacht.com/Chemie/ch_cao.htm Zugriff am 01.11.2014

Elementfamilien, vorgestellt als Versuch oder mittels digitaler Medien, verstärken natürlich diese geweckten Spekulationen.

Die Versuche mit Natrium sind aufgrund ihres Gefahrenpotenzials nur als Lehrerversuche, wenn überhaupt durchzuführen. Beide eigenen sich als möglich Einstiegsexperimente zur Thema Elementfamilien, aber auch als Nachweisexperiment für die entstandene Base.

Versuche mit Lithium hingegen dürfen von den Schülerinnen und Schülern unter den entsprechenden Sicherheits- und Schutzmaßnahmen, in der Sekundarstufe 1, selbst durchgeführt werden. Hierbei kann das Experiment als Übungsexperiment zum Erlernen von laborpraktischen Fertigkeiten dienen. Als Einstiegsexperiment sollte es meiner Meinung nach nicht von den SuS durchgeführt werden, da das unerwartete Verhalten von dem Stück Metall zu Unruhe und schreckhaften Verhalten führen könnte. Zudem ist das Reaktionsverhalten stark von der eingesetzten Menge des Lithiums abhängig, welche nicht einfach zu dosieren ist. [13]

Besonders drauf zu achten ist, dass nur Phenolphthaleinlösungen mit Konzentrationen unter 1% in Schulen in NRW verwendet werden dürfen, da dieser Indikator als kanzerogen gilt.[14]

Gekörntes Calcium darf auch in der Sekundarstufe 1 als Schülerexperiment verwendet werden. Diese in Wasser gegeben kann als Schlüsselexperiment eingesetzt werden, um das Reaktionsverhalten der Erdalkalimetalle im Gedächtnis zu verfestigen. Die Herstellung von Brannt- und Löschkalk ist zwar nach der Gefahrstoffverordnung auch in der S1 erlaubt, jedoch würde ich von einem Schüler vollzogenen Experimentieren absehen, da besonders der Vorgang des Löschen, als eine stark exotherme Reaktion, Gefahren birgt.

Die Reaktion von Magnesium mit Wasser dagegen ist vom Erkenntnisgewinn beinahe gleichwertig, und kann ohne große Bedenken, aber natürlich unter entsprechenden Schutz und Vorsichtmaßnahmen, von den Schülerinnen und Schülern selbst durchgeführt und beobachtet werden. Es eignet sich nicht gut als Schlüsselexperiment, da es dafür doch zu reaktionsträge verläuft, dafür aber gut als Experiment zur Überprüfung einer Hypothese. Diese kann von den SuS selbst aufgestellt sein, als man versucht hat den Begriff der Elementfamilie zu erarbeiten.[15]

Technischer Kalkkreislauf

„Kalkstein, Calciumcarbonat $CaCO_3$ wird durch Säuren oder starkes Erhitzen zersetzt. Im technischen Kalkkreislauf wird daraus in Drehöfen bei ca. 1000°C gebrannter Kalk CaO erzeugt, der auf der Baustelle mit Wasser gemischt wird. Dabei entsteht weißer, beiiger Löschkalk $Ca(OH)_2$, der mit Sand zu Mörtel angerührt wird. Durch Abbinden an der Luft entsteht wieder fester Kalk $CaCO_3$"[16]

---

[13] Vgl. Kernlehrplan für die Realschule in Nordrhein-Westfalen, Fach Chemie, Stand 07.07.2011
[14] http://www.brd.nrw.de/lerntreffs/chemie/structure/home/service/aktuell/archiv2009/phenolphthalein.php Zugriff am 02.11.2014
[15] Vgl. BG/GUV-SR 2004, Stoffliste zur Regel "Unterricht in Schulen mit gefährlichen Stoffen"
[16] Tausch, von Wachtendonk; Chemie 2000+, Sek. 1 Gesamtband (Sek. 1), S. 190

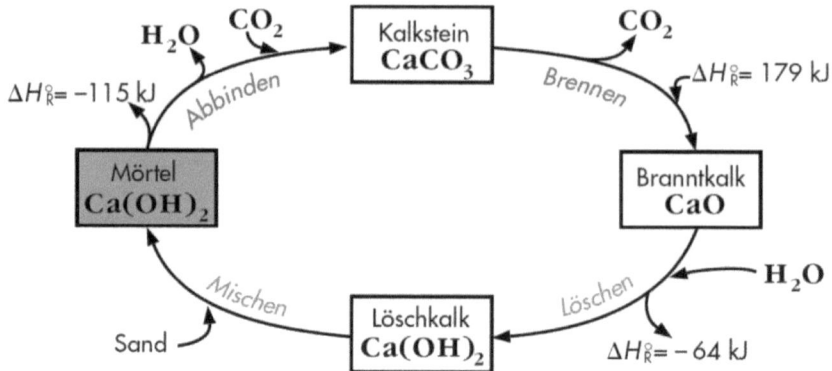

Dieser von Menschenhand erzeugte Kreislauf ist in seiner Energiebilanz zwar formal ausgeglichen, doch werden in der Praxis fossile Brennstoffe verbraucht.

Da beim Abbinden CO_2 in den Mörtel gelangen muss, ließ man früher, um diesen Prozess zu beschleunigen, meist ärmere Menschen zum Trockenwohnen in frisch errichte Häuser gelassen. Bei sehr dicken alten Befestigungsmauern ist der Kern noch immer feucht, da das Wasser nicht heraus diffundieren kann.

Quelle:

Tausch, von Wachtendonk; Chemie 2000+, Sek. 1 Gesamtband (Sek. 1), S. 190/191, V1, V2

Durchführung:

V1:

Erhitze ein kleines, abgewogenes Stück Marmor auf einer Magnesiarinne 5 Minuten lang in der Brennerflamme auf Glühtemperatur und vergleiche nach dem Abkühlen die Massenänderung. Bringe auf den gebrannten Kalk zwei Tropfen Wasser und einen Tropfen Phenolphthalein-Lösung. Zum Vergleich benetze ebenso ein Stück ungebrannten Marmor.

V2:

Gib in eine Porzellanschale zwei gehäufte Löffel Calciumoxid (gebrannter Kalk), halte ein Thermometer hinein und übergieße mit ca. 5 mL Wasser. Rühre vorsichtig und beobachte die Temperatur. Tupfe etwas von dem erhaltenen Brei (gelöschter Kalk) auf einen Streifen Indikatorpapier.

---

[17] Tausch, von Wachtendonk; Chemie 2000+, Sek. 2 Gesamtband (Sek. 1), S. 87

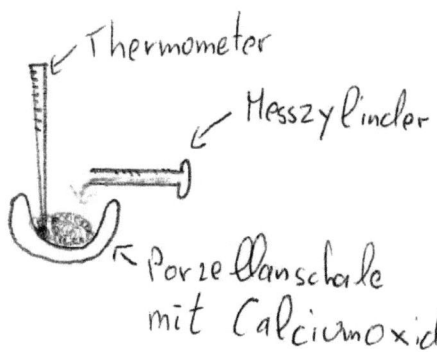

Thermometer

Messzylinder

Porzellanschale mit Calciumoxid

Beobachtung:

V1:

Beim Brennen des Marmorstückchens sieht man kaum eine Veränderung. Beim Wiegen stellten wir eine Massenabnahme fest:

Vorher	566 mg
Nachher	564 mg

Der gebrannte Marmor saugte anschließend das Wasser und das Phenolphthalein regelrecht auf, und verfärbte sich pink. Der ungebrannte Marmor im direkten Vergleich zeigte diese Absorption nicht. Auch die Phenolphthalein-Lösung vermochte dieser nicht zu verfärben.

V2:

Vor der Hinzugabe des Wassers betrug die Temperatur 21,5 °C. Das hinzugegebene Wasser löste sich, trotz Verrührens, nur schwer. Die Temperatur stieg leicht, auf ca. 22 °C. Der entstandene Brei färbte das Universalindikatorpapier blau (pH 10 bis pH 11)

Fachliche Auswertung:

Marmor, beziehungsweise Kalkstein, ist chemisch betrachtet Calciumcarbonat $CaCO_3$. Wird dieser gebrannt, entsteht Branntkalk CaO. Bei diesem Vorgang entweicht CO_2. Dies wurde durch eine Massenänderung vor und nach dem Brennen festgestellt. Durch die Zugabe von Wasser reagierte der Branntkalk zu Löschkalk $Ca(OH)_2$. Dies wurde durch die Zugabe und prompte Phenolphthalein Verfärbung der Phenolphthalein-Lösung deutlich. Der unbehandelte Marmor reagierte wie erwartet nicht mit Wasser, sodass auch das Phenolphthalein keine pH-Wert Änderung anzeigte.

Dass das Löschen von Branntkalk eine exotherme Reaktion ist, wurde in V2 gemessen. Das Calciumoxid eine starke Base bildet, haben wir bereits in vorhergehenden Versuchen gezeigt.

Didaktische Auswertung:

Wie bereits oben angemerkt, sind diese beiden Versuche weniger geeignet um von den SuS selbst durchgeführt zu werden. Sie benötigen sehr große Sorgfalt und bergen, insbesondere der Vorgang des Löschens, ein großes Gefahrenpotenzial. Zu bevorzugen wäre hier eventuell ein Lehrergeleitetes Schüler-Demonstrationsexperiment, oder aber ein Lehrerversuch.

Inhaltlich kann man diese Versuche im Inhaltsfeld 2: Energieumsätze bei Stoffveränderungen, im Rahmen des technischen Kalkkreislaufs einbringen. So lassen sich mithilfe des Kreislaufes die Basiskonzepte der Massenerhaltung, der Umgruppierung von Teilchen, das einfache Teilchenmodell, sowie chemische Energie einführen.[18]

Flammenfärbung

Quelle:

Tausch, von Wachtendonk; Chemie 2000+, Sek. 1 Gesamtband (Sek. 1), S. 106, V5, S.108, V4

Durchführung:

V5:

Tauche Magnesiastäbchen in konzentrierte Salzsäure und glühe sie in der Brennerflamme aus, bis keine Flammenfärbung mehr zu beobachten ist. Nimm mit angefeuchteten Stäbchen etwas Lithium-, Natrium-, bzw Kaliumchlorid auf und halte sie in die Flamme. Beobachte die Flammenfärbung mit und ohne Cobaltglas.

V4:

Untersuche die Flammenfärbung von Calciumchlorid, Strontiumnitrat und Bariumnitrat.

Brennerflamme mit zugeführtem Barium

---

[18] Vgl. Kernlehrplan für die Realschule in Nordrhein-Westfalen, Fach Chemie, Stand 07.07.2011

Beobachtung:

V5:

	Ohne Cobaltglas	Mit Cobaltglas
Lithiumchlorid	rot	farblos
Natriumchlorid	gelb	farblos
Kaliumchlorid	violett	violett

V4:

Strontium brannte mit roter Flamme, Barium mit grüner und Calcium mit orange/gelber.

Fachliche Auswertung:

Die Flammenfärbung ist für die Alkali- als auch die Erdalkalimetalle und deren Verbindungen eine simple Nachweisreaktion. Hierbei werden die entsprechenden Substanzen in die Brennerflamme gehalten und die entstehende Verfärbung festgestellt. Dass es überhaupt zu einer Änderung der Farbigkeit kommt, lässt sich mit dem Energiestufenmodell erklären. Wir überführen, durch Energiezufuhr, ein Elektron aus dem Grundzustand in einen angeregten Zustand. So zum Beispiel beim Natrium das 3s Elektron in ein 3p Orbital. Wenn nun das Elektron wieder zurück in seinen Grundzustand fällt(von 3p nach 3s), wird die zuvor aufgenommene Energie, in unserem Falle, in Form von Licht wieder frei.

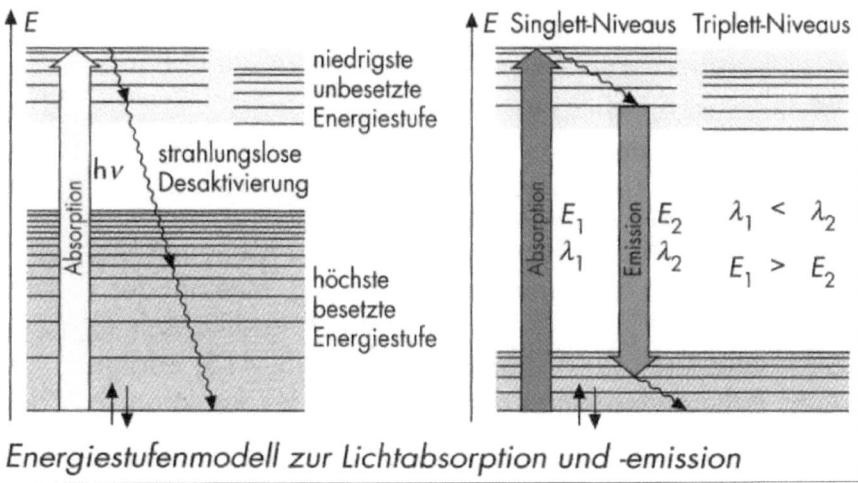

Energiestufenmodell zur Lichtabsorption und -emission

[19]

---

[19] Tausch, Chemie 2000+, Sek.2 Gesamtband, S. 445

Je nachdem welche Sprünge die Elektronen machen, wird anders farbiges Licht frei.[20]

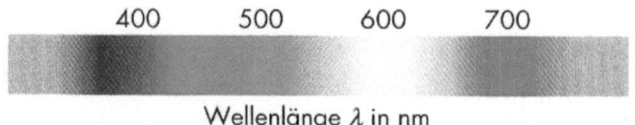

Wir verwenden um die korrekte Flammenfärbung erkennen zu können Kobaltglas (blau eingefärbtes Glas), weil dieses das Natriumlicht absorbiert. Ansonsten würde das intensive Natriumlicht, zum Beispiel das schwächere Kaliumlicht überdecken, und wir könnten bei einem Gemisch von Natriumchlorid und Kaliumchlorid die Farbe des leuchtenden Kaliumatoms nicht erkennen.[22]

Didaktische Auswertung:

Der Versuch der Flammenfärbung ist eine typische Nachweisreaktion der Alkali- sowie Erdalkalimetalle und ist damit ein Nachweisexperiment um Stoffe, beziehungsweise Stoffgruppen mehr oder weniger spezifisch identifizieren zu können. Durch die Versuche könnte man in das Elektronenwolkenmodell, den Energieerhaltungssatz, Lichtemission oder Zustandsänderungen von Elektronen einführen, was jedoch weit über den Bereich der Sek.1 hinausgehen würde. Hier beschränkt man sich lediglich auf die Nachweisreaktion der Elemente der ersten und zweiten Hauptgruppe. Diese Versuche können als Schülerexperiment durchgeführt werden, was allerdings eine strenge Disziplin und genaues arbeiten der SuS erfordert. Einfacher und sicherer wäre der Versuch vom Lehrer durchgeführt zu zeigen, und eventuell auf digitale Medien zurückgreifen, um die Ergebnisse noch prägnanter darzubieten.

Spezielle Fragen zur didaktischen Auswertung der Versuchsblöcke:

1. Was halten sie davon, die Versuche zu Natrium nicht live, sondern in Filmsequenzen und/oder unter Anwendung von interaktiven Animationen etc. zu zeigen?

2. Sind anhand der Versuche auf Sek.1, S.106 und S.108 prinzipielle Unterschiede zwischen Lithium und Natrium auf der einen, und Magnesium und Calcium auf der anderen Seite, festzustellen?

Zu 1:

Das bloße Abspielen eines kurzen Videoclips erzeugt gerade in unserer heutigen Zeit, wo spektakuläre Szenen jederzeit abrufbar sind, kaum noch Interesse bei den Schülerinnen und Schülern. Ein vom Lehrer lebhaft und sinnvoll kommentierter Versuch, gerade bei einem so zunächst unvorhersehbaren Reaktionsverlauf, weckt viel eher das Interesse und lädt geradezu zu Spekulationen ein. Als Ergänzendes und vertiefendes Angebot ist der Einsatz von digitalen Medien hingegen hervorragend geeignet. Das Verhalten von größeren Natrium-Stücken lässt sich nun mal nicht im Unterricht realisieren. Ebenso lässt sich ein Video pausieren, um spezielle Momente der

---

[20] Vgl. Tausch, Chemie 2000+, Sek.2 Gesamtband, S. 287
[21] Tausch, Chemie 2000+, Sek.2 Gesamtband, S. 290
[22] http://www.lebensmittelwissen.de/chemie/labor/flammenfaerbung.php Zugriff am 02.11.2014

Reaktion anschaulich besprechen zu können. Ebenso helfen interaktive Animationen enorm bei Visualisierung des theoretischen Inputs.

Dennoch muss darauf hingewiesen werden, dass diese Medien nur als Ergänzung des Unterrichts fungieren dürfen. Der Lehrer muss derjenige bleiben, der Wissen vermittelt. Diese Aufgabe kann und darf er nicht auf etwaige Medien auslagern.

Zu 2:

Es lässt sich feststellen, dass die Alkalimetalle, dessen Vertreter Lithium und Natrium hier genannt, und die Erdalkalimetalle, dessen Vertreter hier Magnesium und Calcium sind, erkennbare Unterschiede aufweisen.

Das Reaktionsverhalten der Erdalkalimetalle in Wasser ist weniger ausgeprägt, ihre Verbindungen sind schlechter in Wasser löslich, ihre Flammenfärbung umfasst ein breiteres Spektrum, ihre Schmelztemperaturen und Dichten sind höher als die der Elemente der 1. Hauptgruppe.

Verwendete Quellen

Tausch, von Wachtendonk: Chemie 2000+, Sekundarstufe 1, C.C. Buchner Verlag, Bamberg 2010

Tausch, von Wachtendonk: Chemie 2000+, Sekundarstufe 2, C.C. Buchner Verlag, Bamberg 2007

Binnewies, Jäckel, Willner, Rayner-Canham: Allgemeine und Anorganische Chemie, Spektrum Akademischer Verlag, 2. Auflage

umwelt: chemie Gesamtband, Ernst Klett Verlag, 2. Auflage

Kernlehrplan für die Realschule in Nordrhein-Westfalen, Fach Chemie, Stand 07.07.2011

http://www.lebensmittelwissen.de/chemie/labor/flammenfaerbung.php Zugriff am 02.11.2014

http://www.brd.nrw.de/lerntreffs/chemie/structure/home/service/aktuell/archiv2009/phenolphthalein.php Zugriff am 02.11.2014

BG/GUV-SR 2004, Stoffliste zur Regel "Unterricht in Schulen mit gefährlichen Stoffen"

http://www.seilnacht.com/Chemie/ch_cao.htm Zugriff am 01.11.2014

http://www.chemie.de/lexikon/Phenolphthalein.html Zugriff am 01.11.2014

http://de.wikipedia.org/wiki/Eigenschaften_des_Wassers, Zugriff am 01.11.2014

http://de.wikipedia.org/wiki/Natrium Zugriff am 01.11.2014